[PRI]NCIPES ET RÈGLES DE L'ARITHMÉTIQUE ÉLÉMENTAIRE,

Par Demandes et par Réponses,

RENFERMANT

Les nombres entiers, les nombres décimaux, le système métrique, les fractions à deux termes, les proportions, les règles de trois, les règles d'intérêts et d'escompte, et les calculs des surfaces et des volumes.

Par J. L. Temporal,

Auteur de plusieurs ouvrages classiques.

A CHALON S. S.,

CHEZ L'AUTEUR, RUE DE LA MOTTE, N° 17.

1846.

PRINCIPES ET RÈGLES
DE L'ARITHMÉTIQUE
ÉLÉMENTAIRE.

CHALON S. S., IMP. ET LITH. MONTALAN.

PRINCIPES ET RÈGLES

DE

L'ARITHMETIQUE

ÉLÉMENTAIRE,

Par Demandes et par Réponses,

RENFERMANT

Les nombres entiers, les nombres décimaux, le système métrique, les fractions à deux termes, les proportions, les règles de trois, les règles d'intérêts et d'escompte, et les calculs des surfaces et des volumes.

Par J. C. Temporal,

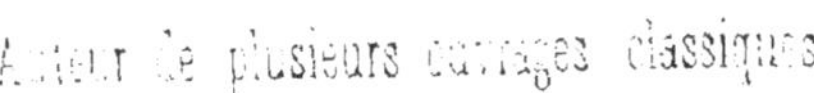

A CHALON S. S.,

CHEZ L'AUTEUR, RUE DE LA MOTTE, N° 17.

1843.

ARITHMÉTIQUE
ÉLÉMENTAIRE.

De l'Unité et des Nombres.

1. *Qu'est-ce que l'Arithmétique?*

L'Arithmétique est la science des nombres.

2. *Qu'entend-on par nombre et calcul ?*

On entend par nombre l'assemblage de plusieurs unités, et par calcul différentes combinaisons par lesquelles on compose et l'on décompose les nombres.

3. *Qu'entend-on par unité ?*

L'unité est une seule des choses que l'on compte; c'est une quantité déterminée qui sert de terme de comparaison à toutes les grandeurs de même espèce. On entend par grandeur ou quantité tout ce qui est susceptible d'augmentation et de diminution.

4. *Combien y a-t-il de sortes d'unités?*

Il y a autant de sortes d'unités qu'il y a de

choses qui peuvent être comptées. Si l'on compte des mètres de drap, le mètre est l'unité; des litres de vin, le litre est l'unité; des arbres, l'arbre est l'unité.

5. *Combien y a-t-il de sortes de nombres?*

Il y a trois sortes de nombres : le nombre entier, qui n'exprime que des unités entières, comme *cinq*, *trente;* le nombre fractionnaire, qui exprime des unités entières et une partie de l'unité, comme *huit unités trois quarts*, *sept unités cinq dixièmes;* et la fraction, qui ne représente qu'une partie de l'unité, comme *un tiers*, *trois quarts*, *etc*.

6. *Qu'entend-on par nombre abstrait et nombre concret?*

On appelle nombre abstrait celui qui ne désigne pas l'espèce d'unités qu'il représente, comme *quinze*, *vingt-quatre;* et nombre concret celui qui fait connaître l'espèce d'unités dont il est composé, comme *cinq francs, six mètres.*

De la Numération.

7. *Qu'est-ce que la numération?*

La numération est l'art de former tous les nombres, de les énoncer et de les écrire.

8. *Combien y a-t-il de sortes de numérations?*

Il y a deux sortes de numérations : la numération parlée, qui consiste à représenter les nombres par des mots, et la numération écrite qui les représente par des chiffres.

Numération parlée.

9. *Comment s'est formée la numération parlée?*

Pour former la numération parlée, on s'est borné à une petite quantité de mots qui suffisent à l'expression de tous les nombres dont on peut avoir besoin.

10. *Comment compte-t-on jusqu'à cent?*

Pour énoncer tous les nombres jusqu'à cent, on se sert des mots *un*, *deux*, *trois*, *quatre*, *cinq*, *six*, *sept*, *huit*, *neuf*, *dix*; la réunion de ces dix unités forme une dizaine. On compte ensuite par dizaine, et l'on dit : *dix*, *vingt*, *trente*, *quarante*, *cinquante*, *soixante*, *soixante-dix*, *quatre-vingts*, *quatre-vingt-dix* et *cent*.

11. *Comment compte-t-on d'une dizaine à une autre dizaine?*

Pour compter de dix à vingt, on dit : *onze*, *douze*, *treize*, *quatorze*, *quinze*, *seize*, *dix-sept*,

dix-huit, *dix-neuf* et *vingt* ; pour compter de vingt à trente, de trente à quarante, de quarante à cinquante et de cinquante à soixante, on ajoute successivement à ces noms de dizaines les noms des neuf premiers nombres, et pour compter de soixante à quatre-vingts et de quatre-vingts à cent, on ajoute aux mots soixante et quatre-vingts les noms des dix-neuf premiers nombres.

12. *Comment compte-t-on de cent à mille ?*

Pour compter de cent à mille, on s'exprime par centaines et l'on dit : *un cent*, *deux cents*, *trois cents*, *quatre cents*, *cinq cents*, *six cents*, *sept cents*, *huit cents*, *neuf cents* et *mille*, et l'on ajoute successivement à chaque ordre de centaines les noms des quatre-vingt-dix-neuf premiers nombres.

13. *Comment compte-t-on de mille à un million ?*

Pour compter de mille à un million, il faut considérer que cet ordre d'unités se compose d'unités de mille, de dizaines de mille et de centaines de mille, et l'on compte alors depuis un jusqu'à mille mille qui font un million, en ajoutant successivement à chaque ordre de mille les noms des neuf cent quatre-vingt-dix-neuf premiers nombres.

14. *Comment compte-t-on depuis un million jusqu'à un billion ou milliard ?*

On compte par millions comme par mille, depuis un million jusqu'à mille millions, ce qui forme un billion ou milliard.

15. *Qu'entend-on par les divers ordres d'unités contenus dans un nombre ?*

Un ordre d'unités est la réunion de dix unités de son espèce. Les divers ordres d'unités sont : *les unités, les dixaines, les centaines, les mille, les dixaines de mille, les centaines de mille, les millions, les dizaines de millions, les centaines de millions* et *les billions ou milliards.*

Numération écrite.

16. *Combien emploie-t-on de caractères ou chiffres pour représenter tous les nombres possibles ?*

Pour représenter tous les nombres possibles, on emploie seulement dix caractères ou chiffres, qui sont : 0, 1, 2, 3, 4, 5, 6, 7, 8, 9, que l'on énonce zéro, un, deux, trois, quatre, cinq, six, sept, huit et neuf.

17. *Sur quel principe est établi le système de numération ?*

Le principe qui sert de base à la numération est que tout chiffre placé à la gauche d'un autre représente une valeur dix fois plus grande que celle du chiffre qui est à sa droite : réciproquement tout chiffre placé à la droite d'un autre a une valeur dix fois moindre que celle du chiffre qui le précède.

18. *Quelle est la valeur du zéro ?*

Le zéro n'a pas de valeur, mais par sa combinaison dans un nombre, il sert à donner aux chiffres significatifs leur rang et leur valeur relative.

19. *Comment écrit-on les nombres plus grands que neuf ?*

Pour écrire les nombres plus grands que neuf, il faut considérer qu'avec dix unités simples on forme une dizaine; les dizaines s'écrivent avec les mêmes chiffres que les unités, mais comme elles représentent un ordre d'unités dix fois plus grandes que les premières, elles doivent, d'après le principe de la numération, s'écrire à la gauche des unités simples, s'il y en a dans le nombre exprimé ; s'il n'y en a pas, il faut mettre un zéro pour en tenir la place, et écrire le chiffre des dizaines à la gauche du zéro.

Les centaines représentant des unités dix fois plus grandes que les dizaines, les chiffres qui les expriment doivent s'écrire à la gauche des dizaines, c'est-à-dire au 3e rang, ayant soin de remplacer par des zéros les unités inférieures qui manqueraient dans le nombre.

Les mille représentant un ordre d'unités dix fois plus grandes que les centaines, s'écrivent à la gauche des centaines, c'est-à-dire au 4e rang. Par le même raisonnement, les dizaines de mille occupent le 5e rang, en allant sur la ganche, les centaines de mille le 6e rang, les millions le 7e, les dizaines de millions le 8e, les centaines de millions le 9e, et les billions ou milliards le 10e, ainsi qu'on peut le voir par le tableau ci-après :

1,	2,	3,	4,	5,	6,	7,	8,	9,	0.
Billion ou milliard.	Centaines de millions.	Dizaines de millions.	Millions.	Centaines de mille.	Dizaines de mille.	Mille.	Centaines.	Dizaines.	Unités.

20. *Les chiffres ont-ils plusieurs valeurs ?*

On distingue deux valeurs dans les chiffres, la valeur absolue et la valeur relative. La valeur absolue d'un chiffre est celle qu'il a lorsqu'il est seul, la valeur relative est celle qu'il obtient d'après la place qu'il occupe dans un nombre. Ainsi la valeur absolue de 8 est toujours 8 ; sa valeur relative peut être 8 unités, 8 dizaines, 8 centaines, suivant qu'il occupe le premier, le deuxième ou le troisième rang dans un nombre.

21. *Comment fait-on pour rendre un nombre entier dix fois, cent fois, mille fois plus grand ?*

D'après les principes de la numération, on voit que pour rendre un nombre entier dix fois, cent fois, mille fois plus grand, il suffit d'écrire à sa droite un, deux ou trois zéros. Les chiffres significatifs se trouvant ainsi reculés d'un rang, de deux rangs ou de trois rangs sur la gauche, expriment nécessairement des unités dix fois, cent fois, mille fois plus grandes qu'auparavant.

22. *Comment fait-on pour rendre un nombre entier dix fois, cent fois, mille fois plus petit ?*

Pour rendre un nombre entier dix fois, cent fois, mille fois plus petit, il suffit, s'il est terminé par des zéros, de supprimer à sa droite un, deux ou trois zéros. S'il n'est pas terminé par des zéros, il faut séparer par une virgule le dernier, les deux derniers ou les trois derniers chiffres.

Manière d'écrire et d'énoncer facilement un nombre.

23. *Comment énonce-t-on facilement un nombre ?*

Pour énoncer facilement un nombre composé de plusieurs chiffres, il faut le séparer par des virgules en tranches de trois chiffres chacune en allant de droite à gauche : la première tranche est désignée sous le nom *d'unités*, la deuxième sous le nom de *mille*, la troisième sous le nom de *millions* et la quatrième sous celui de *billions*. Lorsque cette division est faite, on énonce, en commençant par la gauche, chaque tranche comme si elle était seule, en lui donnant le nom qui lui convient.

24. *Comment écrit-on facilement un nombre composé de plusieurs chiffres ?*

Pour écrire facilement un nombre composé de plusieurs chiffres, on pose d'abord la tranche des unités de la plus forte espèce qui, étant la première à gauche, peut ne contenir qu'un ou deux chiffres ; on écrit ensuite successivement toutes les autres, en observant bien de remplacer par des zéros les unités qui ne seraient point nommées.

Des quatre opérations fondamentales de l'Arithmétique.

25. *Quelles sont les opérations fondamentales de l'arithmétique ?*

Les opérations de l'arithmétique sont au nombre de quatre, savoir : l'addition, la soustraction, la multiplication et la division.

26. *Qu'est-ce que l'addition ?*

L'addition est une opération par laquelle on réunit plusieurs nombres en un seul ; le résultat se nomme *somme* ou *total.*

27. *Comment fait-on l'addition des nombres entiers ?*

Pour faire l'addition des nombres entiers, on les écrit d'abord les uns sous les autres de manière que toutes les unités de même ordre se correspondent dans une même colonne, et l'on tire un trait sous le dernier nombre pour le séparer du résultat.

Les nombres ainsi disposés, on commence par ajouter les uns aux autres tous les chiffres de la colonne de droite, c'est-à-dire des unités simples; si la somme obtenue ne surpasse pas 9, on l'écrit telle qu'elle est au-dessous de la colonne. Si elle surpasse 9, elle contient des dizaines et des unités, dans ce cas on écrit les unités, et l'on retient les dizaines pour les joindre à la colonne des dizaines. On opère ensuite sur cette colonne comme sur celle des unités, et l'on continue ainsi jusqu'à la dernière colonne de gauche, sous laquelle on écrit la somme telle qu'on l'a trouvée.

28. *Qu'entend-on par preuve d'une opération ?*

La preuve d'une opération est une autre opération que l'on fait pour vérifier l'exactitude de la première.

29. *Comment fait-on la preuve de l'addition?*

La preuve de l'addition peut se faire de plusieurs manières, mais la plus simple est de recommencer cette opération en additionnant chaque colonne de bas en haut, si d'abord elle a été faite de haut en bas. Si le résultat est le même, il est certain que l'opération est exacte.

30. *Qu'est-ce que la soustraction ?*

La soustraction est une opération par laquelle on retranche un nombre d'un autre ; le résultat se nomme reste, excès ou différence.

31. *Comment fait-on la soustraction lorsque le nombre à retrancher n'a qu'un chiffre ?*

Lorsque le nombre à retrancher d'un autre n'a qu'un chiffre, il suffit de chercher par la pensée quel est le nombre qui ajouté au plus petit formerait le plus grand, et ce nombre est leur différence.

32. *Comment fait-on la soustraction lorsque les nombres proposés ont plusieurs chiffres ?*

Lorsque les nombres proposés ont plusieurs chiffres, il faut écrire le plus petit sous le plus grand, de manière que les unités de même espèce se correspondent dans une même colonne, puis on fait un trait sous le plus petit nombre afin de le séparer du résultat.

Quand les deux nombres sont ainsi disposés, on retranche, en commençant par la colonne de droite, chaque chiffre du nombre inférieur de celui qui lui correspond dans le nombre supérieur, et on écrit chaque reste au-dessous de la colonne qui l'a donné. Si le nombre supérieur renferme plus de chiffres que le nombre inférieur, on écrit à la différence les chiffres dont on n'a rien à retrancher.

33. *Comment fait-on la soustraction lorsqu'un chiffre du nombre inférieur est égal ou plus grand que son correspondant du nombre supérieur?*

Lorsqu'un chiffre du nombre inférieur est égal à son correspondant du nombre supérieur, il faut écrire au-dessous un zéro pour montrer qu'il n'y a point de différence entre eux. Mais si le chiffre du nombre inférieur est plus grand que son correspondant supérieur, la soustraction devient impossible, il faut alors emprunter, sur le chiffre significatif à gauche, une unité de l'ordre immédiatement supérieur et qui en vaut dix de l'espèce inférieure; on ajoute ces dix unités au chiffre trop faible et l'on fait la soustraction, ayant soin de diminuer d'une unité le chiffre sur lequel on a emprunté, ou ce qui revient au même, on lui conserve sa valeur, et l'on ajoute une unité au chiffre inférieur qui lui correspond.

34. *Comment fait-on la preuve de la soustraction?*

Pour faire la preuve de la soustraction, on additionne le plus petit nombre avec le reste, et si le résultat est égal au plus grand nombre, c'est la preuve que l'opération est juste.

35. *Qu'est-ce que la multiplication?*

La multiplication est une opération qui consiste à prendre un nombre, appelé multiplicande, autant de fois qu'il y a d'unités dans un autre nombre appelé multiplicateur; le résultat se nomme produit. Le multiplicande et le multiplicateur s'appellent aussi les facteurs du produit.

36. *Comment fait-on la multiplication lorsque le multiplicande a plusienrs chiffres et que le multiplicateur n'en a qu'un?*

Lorsque le multiplicande a plusieurs chiffres et que le multiplicateur n'en a qu'un, il faut d'abord écrire le multiplicateur sous le dernier chiffre du multiplicande et tirer un trait sous ce facteur. Ensuite, en commençant par la droite, on multiplie chaque chiffre du multiplicande par celui du multiplicateur; si le produit obtenu ne passe pas 9, on l'écrit au-dessous tel qu'il est, mais s'il passe 9, on ne pose que les unités simples et on retient les dizaines pour les porter sur le chiffre suivant à gauche, sur lequel on opère comme sur le premier, et l'on continue ainsi jusqu'à ce que tous les chiffres du multiplicande soient multipliés.

37. *Comment fait-on la multiplication lorsque les deux facteurs contiennent plusieurs chiffres ?*

Lorsque les deux facteurs ont plusieurs chiffres, il faut multiplier tout le multiplicande par chaque chiffre du multiplicateur en commençant par les unités ; et en observant bien d'écrire chaque produit sous le chiffre par lequel on multiplie, puis on additionne les produits partiels afin d'avoir le produit total.

38. *Comment fait-on la multiplication si les deux facteurs sont terminés par des zéros ?*

Lorsque le multiplicande et le multiplicateur sont terminés par des zéros, on multiplie seulement les chiffres significatifs ; ensuite on ajoute à la droite du produit autant de zéros qu'il y en a dans les deux facteurs.

39. *Comment fait-on la multiplication lorsque le multiplicateur renferme des zéros intermédiaires ?*

Lorsque le multiplicateur renferme des zéros intermédiaires, on ne multiplie que par les chiffres significatifs, ayant soin de placer chaque produit partiel sous le chiffre par lequel on multiplie.

40. *Comment fait-on la preuve de la multiplication ?*

Pour faire la preuve de la multiplication on divise le produit par l'un des facteurs, et si l'opération est juste on doit trouver pour résultat l'autre facteur.

41. *Qu'est-ce que la division ?*

La division est une opération par laquelle on cherche combien de fois un nombre appelé *dividende*, en contient un autre nommé *diviseur*; le résultat prend le nom de *quotient*. Diviser un nombre, c'est encore le partager en autant de parties égales qu'il y a d'unités dans le diviseur.

42. *Comment fait-on la division ?*

Pour faire la division, on écrit d'abord le dividende, à sa droite le diviseur, en les séparant par un trait, puis on souligne le diviseur afin d'écrire au-dessous le quotient.

Lorsque les nombres sont ainsi disposés, on prend sur la gauche du dividende autant de chiffres qu'il est nécessaire pour contenir le diviseur : c'est ce qui forme le premier dividende partiel. On cherche combien de fois ce premier dividende contient le diviseur et ce nombre de fois obtenu est le premier chiffre du quotient ; ensuite on multiplie le diviseur par ce chiffre du quotient, on en écrit le produit sous le dividende partiel, on le souligne et on fait la soustraction. A côté du reste, on abaisse le chiffre suivant du dividende total, ce qui donne le second dividende partiel, sur lequel on opère comme sur le premier, et l'on continue ainsi jusqu'à ce que tous les chiffres du dividende total soient divisés, ayant soin de placer chaque chiffre du quotient à la droite de celui déjà trouvé.

13. *Que faut-il faire lorsqu'un dividende partiel ne contient pas le diviseur?*

Lorsqu'un dividende partiel ne contient pas le diviseur, il faut écrire un zéro au quotient, abaisser immédiatement le chiffre suivant du dividende total à la droite du dividende partiel, et continuer l'opération.

44. *Ne peut-on pas simplifier la division lorsque le dividende et le diviseur sont terminés par des zéros?*

Lorsque le dividende et le diviseur sont terminés par des zéros, on peut supprimer dans l'un et dans l'autre le même nombre de zéros, sans rien changer à la valeur du quotient.

45. *Comment fait-on la preuve de la division?*

Pour faire la preuve de la division, il faut multiplier le diviseur par le quotient, et si le produit est égal au dividende l'opération est exacte. Si le quotient n'est pas parfait, c'est-à-dire s'il y a un reste, il faut ajouter ce reste au produit de la multiplication, ce qui doit donner un nombre semblable au dividende.

Des fractions décimales.

46. *Qu'appelle-t-on fractions décimales?*

On appelle fractions décimales des parties dix, cent, mille, dix mille fois plus petites que l'unité simple, et de dix en dix fois plus petites les unes que les autres.

47. *Quels noms donne-t-on aux fractions décimales?*

Les parties dix fois plus petites que l'unité prennent le nom de dixièmes, les parties dix fois plus petites que le dixième, prennent le nom de centièmes, puis viennent successivement après les millièmes, les dix-millièmes, les cent-millièmes, etc.

48. *Comment écrit-on les fractions décimales?*

On écrit les fractions décimales à la droite des nombres entiers et de la même manière, ayant soin de placer les dixièmes à la droite de l'unité simple, les centièmes à la droite des dixièmes, puis les millièmes, les dix-millièmes, les cent-millièmes, ainsi de suite dans cet ordre de décroissement, d'après ce principe, que tout chiffre placé à la droite d'un autre représente des unités dix fois plus petites. Ou bien, on écrit d'abord le nombre entier, que l'on fait suivre d'une virgule, puis la fraction décimale telle qu'elle est énoncée, ayant soin que le dernier chiffre soit au rang qu'il doit occuper.

49. *Comment distingue-t-on les fractions décimales des nombres entiers!*

On distingue les fractions décimales des nombres entiers en plaçant une virgule entre le chiffre des unités simples et celui des dixièmes, comme **25,365**. La partie à droite de la virgule représente un nombre entier, et la partie à gauche une fraction décimale.

50. *Que fait-on lorsqu'il manque un ordre d'unités dans une fraction décimale ?*

On fait comme dans les nombres entiers, c'est-à-dire que l'on écrit un zéro à la place de l'ordre d'unités qui manque, afin que chaque chiffre significatif occupe le rang qui lui convient.

51. *Que fait on lorsque la fraction décimale n'est pas jointe à un nombre entier ?*

On met un zéro pour en tenir la place, et on le fait suivre d'une virgule afin d'écrire convenablement la fraction décimale.

52. *Qu'entend-on par nombres décimaux ?*

On entend par nombres décimaux ceux qui renferment un nombre entier et une fraction décimale.

53. *Comment énonce-t-on un nombre décimal ?*

Pour énoncer un nombre décimal, on énonce d'abord la partie entière, puis la partie décimale comme si c'était un nombre entier, en y ajoutant le nom de la décimale de la plus petite espèce que le nombre renferme, comme 36,456, que l'on énonce 36 unités, 456 millièmes.

54. *Que devient un nombre décimal si l'on ajoute ou si l'on retranche à sa droite un ou plusieurs zéros?*

Le nombre décimal ne change pas de valeur, car si l'on ajoute à la droite de ce nombre un, deux ou trois zéros, le nombre de parties devient dix, cent ou mille fois plus grand, mais les parties sont dix, cent ou mille fois plus petites; de même si l'on retranche un, deux ou trois zéros, le nombre de parties devient dix, cent, mille fois plus petit, mais les parties sont dix, cent, mille fois plus grandes, donc le nombre n'a pas changé de valeur. D'ailleurs la valeur de chaque chiffre ne dépend que du rang qu'il occupe, à partir de la virgule; ce rang étant toujours le même, le nombre n'a donc pas changé de valeur.

55. *Que devient un nombre décimal si l'on avance la virgule d'un rang, de deux rangs ou de trois rangs sur la droite?*

Il devient dix fois, cent fois, mille fois plus grand, car chaque chiffre se trouvant reculé d'un rang, de deux rangs ou de trois rangs sur la gauche représente des unités dix fois, cent fois, mille fois plus grandes qu'auparavant.

56. *Que devient le nombre décimal si l'on avance la virgule d'un rang, de deux rangs ou de trois rangs sur la gauche?*

Il devient dix fois, cent fois, mille fois plus petit, car chaque chiffre se trouvant reculé d'un rang, de deux rangs ou de trois rangs sur la droite, exprime des unités dix fois, cent fois, mille fois plus petites qu'auparavant.

Des quatre opérations sur les nombres décimaux.

57. *Comment fait-on l'addition des nombres décimaux?*

Pour faire l'addition des nombres décimaux, on écrit tous les nombres proposés les uns sous les autres, de manière que les unités entières, les parties décimales de même ordre et par conséquent les virgules se correspondent dans une même colonne, puis on opère comme dans l'addition des nombres entiers, ayant soin de mettre à la somme une virgule à la droite du chiffre qui exprime les unités.

De la soustraction.

58. *Comment fait-on la soustraction des nombres décimaux?*

Pour faire la soustraction des nombres décimaux, on écrit le plus petit nombre sous le plus grand, de manière que les chiffres de même ordre se correspondent dans une même colonne comme dans l'addition; on opère comme dans les nombres entiers, et l'on met ensuite une virgule à la droite du chiffre de la différence qui se trouve sous la colonne des unités.

59. *Que faut-il faire lorsque l'un des deux nombres n'a point de chiffres décimaux, ou qu'il en a moins que l'autre?*

Il faut remplacer par des zéros les chiffres décimaux qui manquent dans l'un des nombres, et faire l'opération sans faire attention à la virgule, comme dans le premier cas, puis la placer ensuite à la différence, à la droite du chiffre qui exprime les unités.

De la multiplication.

60. *Comment fait-on la multiplication des nombres décimaux?*

La multiplication des nombres décimaux se fait comme celle des nombres entiers; on sépare ensuite sur la droite du produit autant de chiffres décimaux qu'il y en a à la fois au multiplicande et au multiplicateur.

61. *Que faut-il faire lorsque le produit a moins de chiffres qu'il n'y a de décimales à séparer sur sa droite?*

Quand le produit a moins de chiffres qu'il n'y a de décimales à séparer sur sa droite, il faut mettre à sa gauche assez de zéros pour qu'il y ait en tout un chiffre de plus qu'il n'y a de décimales à séparer, et l'on place ensuite la virgule entre les deux premiers chiffres de gauche.

De la division.

62. *Combien la division décimale peut-elle présenter de cas?*

La division décimale peut présenter trois cas: 1° un nombre décimal à diviser par un nombre entier; 2° un nombre entier par un nombre décimal; 3° un nombre décimal par un nombre décimal.

63. *Comment divise-t on un nombre décimal par un nombre entier?*

On fait la division sans avoir égard à la virgule, et l'on sépare ensuite sur la droite du quotient autant de chiffres décimaux qu'il y en a au dividende.

64. *Que faut-il faire quand le quotient n'a pas autant de chiffres qne le dividende n'a de décimales?*

Il faut mettre à la gauche du quotient autant de zéros qu'il est nécessaire pour pouvoir placer la virgule d'après la règle de la division décimale.

65. *Comment divise t-on un nombre entier par un nombre décimal?*

On met d'abord à la droite du nombre entier autant de zéros qu'il y a de décimales au diviseur, puis on fait la division sans avoir égard à la virgule; le quotient alors est exprimé en nombre entier.

66. *Comment divise-t-on un nombre décimal par un nombre décimal?*

Si le dividende et le diviseur ont le même nombre de décimales, on divise l'un par l'autre sans avoir égard à la virgule; si l'un des deux renferme plus de chiffres décimaux que l'autre, il faut mettre à la droite de celui qui en a le moins, autant de zéros qu'il est nécessaire pour qu'il ait autant de décimales que l'autre, et l'on opère sans faire attention aux virgules, comme si c'étaient deux nombres entiers.

67. *Que faut-il faire lorsqu'une division donne un reste, et qu'on veut compléter le quotient par une fraction décimale?*

Pour compléter le quotient par une fraction décimale, il faut d'abord mettre une virgule à la droite des unités du quotient; à côté du reste de la division on écrit un zéro, ce qui forme un dividende partiel qui, divisé par le diviseur, donne le chiffre des dixièmes du quotient; à côté du nouveau reste, on ajoute encore un zéro, ce qui forme un second dividende partiel, lequel, divisé par le diviseur, donne des centièmes au quotient; on continue ainsi jusqu'à ce qu'on arrive à une division partielle qui donne pour reste zéro, ou jusqu'à ce qu'on ait obtenu au quotient le nombre de décimales que l'on désire.

68. *Que fait-on lorsqu'un des dividendes partiels ne contient pas le diviseur ?*

On met zéro au quotient, et à la droite du dividende partiel on ajoute encore un zéro pour le convertir en unités décimales de l'ordre immédiatement inférieur.

69. *Comment fait-on les preuves des opérations décimales ?*

De la même manière que celles des nombres entiers.

Système métrique.

70. *Qu'entend-on par système métrique ?*

On entend par système métrique une théorie qui réduit tout le calcul des nombres complexes au calcul des nombres décimaux, et qui substitue aux anciennes dénominations une nomenclature simple et méthodique, et des multiples et des sous-multiples dont le rapport avec l'unité principale est toujours soumis à la loi décimale.

71. *Quelle est l'unité fondamentale du système métrique !*

L'unité fondamentale du système métrique

est le mètre, qui est la dix-millionième partie de la distance du pôle à l'équateur, ou du quart du méridien terrestre.

72. *Quels noms a-t-on donnés aux multiples et aux subdivisions de l'unité métrique?*

Pour former les multiples, on a appelé

la dizaine	*déca.*
la centaine	*hecto.*
le mille	*kilo.*
la dizaine de mille	*myria.*

Pour former les sous-multiples, on a appelé

le dixième de l'unité,	*déci.*
le centième,	*centi.*
le millième,	*milli.*

En ajoutant ces dénominations au mot mètre, on a pour les multiples : décamètre, hectomètre, kilomètre, myriamètre; et pour les sous-multiples : décimètre, centimètre, millimètre.

73. *Combien a-t-on établi d'unités principales de mesures?*

On a établi six unités principales de mesures :

Le *mètre*, unité des mesures de longueur.

Le *stère*, unité de solidité, spécialement appliquée au mesurage des bois.

L'*are*, unité des mesures agraires ou de superficie.

Le *litre*, unité des mesures de capacité, pour les liquides et pour les grains.

Le *gramme*, unité de poids.

Le *franc*, unité de monnaie.

74. *Qu'est-ce que le* STÈRE?

Le stère est un solide ou cube d'un mètre de long, sur un mètre de large, et un mètre de hauteur.

75. *Qu'est-ce que l'*ARE?

L'are est un carré de dix mètres de long, sur dix mètres de large, et renfermant par conséquent cent mètres carrés.

76. *Qu'est-ce que le* LITRE?

Le litre équivaut à un cube ayant un décimètre sur toutes faces.

77. *Qu'est-ce que le* GRAMME?

Le gramme est le poids égal à celui d'un centimètre cube d'eau distillée, à son maximum de densité.

78. *Qu'est-ce que le* FRANC?

Le franc est une pièce de monnaie du poids de cinq grammes, formée de neuf parties d'argent et d'une partie de cuivre.

Multiples et sous-multiples de chaque espèce d'unités.

79. *Quels sont les multiples et les sous-multiples du mètre?*

Les multiples du mètre sont : le décamètre, l'hectomètre, le kilomètre et le myriamètre; ses sous-multiples sont : le décimètre, le centimètre et le millimètre.

80. *Quels sont les multiples et les sous-multiples de l'are?*

Le seul multiple usité de l'are est l'hectare, qui contient cent ares ou dix mille mètres carrés, et le seul sous-multiple est le centiare, qui équivaut à un mètre carré.

81. *Qu'est-ce qu'un mètre carré?*

Le mètre carré est une surface d'un mètre de long sur un mètre de large. Ses multiples sont ceux de l'unité des mesures linéaires élevées à leurs carrés; ses sous-multiples sont :

Le décimètre carré, qui n'est que la centième partie du mètre carré.

Le centimètre carré, qui n'est que la centième partie du décimètre carré.

Le millimètre carré, qui n'est que la centième partie du centimètre carré.

D'où il suit que le mètre carré contient 100 décimètres carrés, 10,000 centimètres carrés et 1,000,000 de millimètres carrés.

82. *Comment écrit-on en nombre décimal une surface qui contient des subdivisions du mètre carré?*

Pour écrire en nombre décimal une surface qui contient des subdivisions du mètre carré, il faut écrire les décimètres, les centimètres et les millimètres carrés à la droite de la virgule, en observant qu'il faut deux chiffres pour chaque sous-multiple; si l'un d'eux n'était exprimé que par un seul chiffre significatif, il faudrait remplacer l'autre par un zéro, et si un sous-multiple manquait tout entier, il faudrait le remplacer par deux zéros. Ainsi pour représenter 5 mètres carrés, 8 décimètres et 9 centimètres carrés, il faut écrire : 5,^{mq}0809.

83. *Quels sont les multiples et les sous-multiples du stère?*

Le stère n'a qu'un multiple usité, le décastère, mesure de dix stères, et un sous-multiple, le décistère. Le stère ne s'emploie que pour le bois de chauffage, dans tout autre cas on a recours au mètre cube et à ses subdivisions.

84. *Qu'est-ce qu'un mètre cube ?*

Le mètre cube est un solide ayant un mètre de long, un mètre de large et un mètre de hauteur. Ses sous-multiples sont :

Le décimètre cube, millième partie du mètre cube.

Le centimètre cube, millième partie du décimètre cube.

D'où il suit qu'un mètre cube contient mille décimètres cubes et un million de centimètres cubes.

85. *Comment écrit-on un nombre qui contient des décimètres et des centimètres cubes ?*

On écrit les décimètres et les centimètres cubes à la droite de la virgule, en observant qu'il faut trois chiffres pour les décimètres cubes et six pour les centimètres cubes, ayant soin de remplacer par des zéros les chiffres qui manquent dans chaque ordre d'unités. Ainsi pour représenter 8 mètres cubes, 16 décimètres cubes, 5 centimètres cubes, il faut écrire : $8,^{mc}016005$.

86. *Quels sont les multiples et les sous-multiples du litre ?*

Les multiples du litre sont : le décalitre, l'hectolitre et le kilolitre ; ses sous-multiples sont : le décilitre et le centilitre.

87. *Quels sont les multiples et les sous multiples du gramme?*

Les multiples du gramme sont : le décagramme, l'hectogramme, le kilogramme et le myriagramme; les sous-multiples sont : le décigramme, le centigramme et le milligramme.

88. *Quels sont les multiples et les sous-multiples du franc?*

Le franc n'a point de multiples décimaux, ses sous-multiples sont le décime et le centime.

De la manière d'énoncer et d'écrire les nombres représentant des mesures métriques.

89. *Comment énonce-t-on un nombre représentant des mesures métriques?*

Les nombres représentant les mesures métriques s'énoncent exactement comme les nombres décimaux, c'est-à-dire qu'on énonce d'abord la partie entière, ensuite la partie décimale métrique comme si elle exprimait des entiers, en ajoutant à chacune le nom des unités et des parties décimales métriques de la dernière espèce. Cependant comme on peut prendre pour unité principale un multiple de l'unité de mesure, dans ce cas on énonce d'abord la partie à gauche de la virgule, puis la partie à droite jusqu'à l'unité de mesure, et enfin la partie décimale métrique.

90. *Comment écrit-on un nombre représentant des mesures métriques ?*

On écrit les nombres représentant les mesures métriques comme on écrit les nombres décimaux, c'est-à-dire que l'on écrit d'abord la partie entière, puis à sa droite la partie décimale métrique, en les séparant par une virgule. Si l'unité principale était autre que l'unité simple de mesure, il faudrait mettre la virgule après cette unité principale.

91. *Qu'entend-on par unité principale ?*

On entend par unité principale celle que l'on choisit arbitrairement, ou celle qui est adoptée en général par la nature de l'objet dont on parle. Ainsi, par exemple, dans les liquides l'hectolitre est souvent pris pour unité principale, tandis que dans les mesures de poids, c'est le kilogramme.

92. *Comment, dans un nombre écrit, distingue-t-on les différentes espèces d'unités ?*

On distingue les différentes espèces d'unités en mettant une ou deux initiales un peu au-dessus et à droite du chiffre qui indique l'unité principale, comme $14,^{m}25$; $20,^{k.g.}365$; et pour distinguer les déca des déci et les myria des milli, on met une majuscule pour les multiples et une minuscule pour les sous-multiples.

93. *Qu'entend-on par réduire des nombres décimaux à la même espèce ?*

Réduire des nombres décimaux à la même espèce, c'est les rapporter à la même unité.

94. *Comment fait-on pour réduire les nombres métriques ou décimaux à la même espèce ?*

Pour réduire les nombres décimaux ou métriques à la même espèce, il suffit d'ajouter à la droite des nombres proposés ou de supprimer une quantité convenable de zéros.

95. *Comment fait-on pour réduire des unités d'un ordre quelconque en unités plus petites ?*

Pour réduire des unités d'un ordre quelconque en unités plus petites, il suffit de multiplier le nombre proposé par 10,100 ou 1,000, selon que ce nombre doit être exprimé en unités dix fois, cent fois ou mille fois plus petites, et cette opération se réduit à avancer la virgule de 1, 2 ou 3 places sur la droite.

96. *Comment fait-on pour réduire des unités d'un ordre quelconque en unités plus grandes?*

Il faut diviser le nombre proposé par 10, 100 ou 1000, selon que ce nombre doit être exprimé en unités dix fois, cent fois ou mille fois plus grande, et pour cela, il suffit de reculer la virgule d'une, deux ou trois places sur la gauche.

Des quatre opérations sur les nombres métriques.

97. *Comment fait-on l'addition des nombres métriques?*

L'addition des nombres métriques se fait exactement comme celle des nombres décimaux, mais il faut d'abord avoir soin de rapporter tous les nombres proposés à la même espèce, et de mettre la virgule dans chaque nombre après le chiffre qui exprime l'unité principale que l'on a déterminée.

98. *Comment fait-on la soustraction des nombres métriques?*

La soustraction des nombres métriques se fait comme celle des nombres décimaux, toutefois après avoir réduit les nombres proposés à la même espèce, et avoir déterminé par la virgule l'unité principale.

99. *Comment fait-on la multiplication des nombres métriques ?*

Après avoir déterminé par la virgule l'unité principale du multiplicande et celle du multiplicateur, on multiplie les deux nombres l'un par l'autre, et l'on sépare sur la droite du produit autant de chiffres décimaux qu'il y en a dans les deux facteurs, comme dans la multiplication décimale.

100. *Comment fait-on la division des nombres métriques ?*

La division des nombres métriques se fait comme celle des nombres décimaux, mais il faut auparavant déterminer l'unité principale du diviseur, afin de préparer l'opération d'après la règle de la division décimale.

Conversion des fractions ordinaires en fractions décimales.

101. *Comment convertit-on une fraction ordinaire en fractions décimales ?*

Pour convertir une fraction ordinaire en fractions décimales, il suffit de diviser le numérateur par le dénominateur. On place d'abord un zéro au quotient pour indiquer qu'il n'y a pas d'unités, puis on ajoute au numérateur autant de zéros que l'on veut avoir de décimales au résultat, et l'on fait la division comme celle des nombres entiers.

Signes d'abréviation en usage dans le calcul.

+ *Signifie* plus.
— . . . moins.
= . . . égal à.
× . . . multiplié par.
: ou — entre deux nombres superposés, divisé par.
x signifie terme inconnu.
0/0 . . pour cent.

Des fractions à deux termes.

102. *Qu'appelle-t-on fraction à deux termes?*
On appelle *fraction à deux termes* une ou plusieurs parties de l'unité, que l'on conçoit partagée en un nombre quelconque de parties égales, dont l'expression est figurée au moyen de deux termes.

103. *Comment exprime-t-on une fraction?*

Pour exprimer une fraction, on se sert de deux nombres placés l'un au-dessus de l'autre et séparés par un trait, de cette manière: $\frac{1}{2}$, $\frac{2}{3}$, $\frac{3}{4}$, $\frac{4}{5}$, que l'on énonce en disant: *un demi*, *deux tiers*, *trois quarts*, *quatre cinquièmes*. Le terme supérieur est appelé numérateur parce qu'il indique combien on a de parties de l'unité, et le terme inférieur est appelé dénominateur parce qu'il indique en combien de parties l'unité est partagée.

104. *Comment peut-on considérer une fraction?*

On peut considérer une fraction comme une division indiquée dont le numérateur est le dividende et dont le dénominateur est le diviseur.

105. *Quels sont les rapports de la fraction avec l'unité?*

1° Si le numérateur est plus petit que le dénominateur, la fraction est plus petite que l'unité.

2° Si le numérateur est plus grand que le dénominateur, la fraction est plus grande que l'unité; c'est une expression fractionnaire.

3° Si le numérateur est égal au dénominateur, la fraction est égale à l'unité.

106. *Quelles sont les propriétés d'une fraction à deux termes?*

La fraction à deux termes étant considérée comme une division doit jouir des mêmes propriétés ; ainsi :

1° En multipliant ou divisant le numérateur par un nombre, sans toucher au dénominateur, la fraction est multipliée ou divisée par ce nombre.

2° En multipliant ou divisant le dénominateur par un nombre , sans toucher au numérateur, la fraction est divisée ou multipliée par ce nombre.

3° En multipliant ou divisant le numérateur et le dénominateur par le même nombre, la fraction ne change pas de valeur.

Réductions des fractions.

107. *Qu'appelle-t-on réductions des fractions?*

On appelle réductions différents changements qu'on fait subir aux fractions , sans en altérer la valeur. Ces réductions sont au nombre de quatre :

1° Réduire des entiers ou des nombres fractionnaires en fractions.

2° Réduire des fractions en entiers.

3° Réduire les fractions à leur plus simple expression.

4° Réduire les fractions au même dénominateur.

108. *Comment réduit-on des entiers et des nombres fractionnaires en fractions ?*

Pour réduire des entiers en fractions, il suffit de multiplier ces entiers par le dénominateur donné ; et pour réduire des nombres fractionnaires, il faut multiplier les entiers par le dénominateur de la fraction et ajouter le numérateur à ce produit.

109. *Comment réduit-on des fractions en entiers ?*

Pour réduire des fractions en entiers, lorsqu'elles en contiennent, il faut diviser le numérateur par le dénominateur ; le quotient exprime les entiers, et le reste, s'il y en a, devient le numérateur d'une fractiou qui a pour dénominateur celui de la fraction primitive.

110. *Qu'entend-on par réduire une fraction à sa plus simple expression ?*

Réduire une fraction à sa plus simple expression, c'est la transformer en une autre fraction qui ait pour numérateur et pour dénominateur les plus petits nombres possible.

111. *Comment réduit-on une fraction à sa plus simple expression?*

Pour réduire une fraction à sa plus simple expression, il faut diviser ses deux termes par un même nombre, ou par le plus grand commun diviseur.

112. *Qu'appelle-t-on plus grand commun diviseur?*

On appelle *plus grand commun diviseur* de deux nombres, le plus grand nombre qui les divise tous deux sans reste.

113. *Comment trouve-t-on le plus grand commun diviseur de deux nombres?*

Pour trouver le plus grand commun diviseur de deux nombres, il faut diviser le plus grand par le plus petit, et si la division se fait sans reste, c'est le plus petit terme qui est le plus grand commun diviseur. S'il y a un reste, il faut diviser le plus petit terme par ce reste, et continuer ainsi de diviser le dernier diviseur par le dernier reste, jusqu'à ce que la division se fasse sans reste. Le dernier diviseur sera le plus grand commun diviseur, par lequel il faudra diviser les deux termes de la fraction. Si le dernier diviseur est l'unité, la fraction est irréductible.

114. *Comment réduit-on deux fractions au même dénominateur?*

Pour réduire deux fractions au même dénominateur, on multiplie les deux termes de la première fraction par le dénominateur de la seconde, et les deux termes de la seconde par le dénominateur de la première.

115. *Comment réduit-on un nombre quelconque de fractions au même dénominateur?*

Pour réduire un nombre quelconque de fractions au même dénominateur, il faut multiplier les deux termes de chaque fraction par le produit de tous les autres dénominateurs. Une autre méthode consiste à chercher un nombre qui puisse être exactement divisé par tous les dénominateurs des fractions à réduire, puis diviser ce diviseur commun par chaque dénominateur, et multiplier les deux termes de chaque fraction par le quotient qu'elle aura donné; on obtiendra de nouvelles fractions égales aux premières, et qui auront un même dénominateur.

De l'addition des fractions.

116. *Comment fait-on l'addition des fractions?*

Si les fractions ont le même dénominateur, l'addition se fait en ajoutant tous les numérateurs; si la somme obtenue est plus grande que le dénominateur commun, il faut la diviser par ce dénominateur, et on obtiendra les unités qu'elle renferme. Lorsque les fractions n'ont pas le même dénominateur, il faut d'abord les y réduire, et faire ensuite l'opération comme dans le premier cas.

De la soustraction des fractions.

117. *Comment fait-on la soustraction des fractions?*

Si les fractions ont le même dénominateur, il suffit de retrancher le numérateur de la fraction inférieure du numérateur supérieur, et de donner au reste le dénominateur commun. Si les fractions n'ont pas le même dénominateur, il faut d'abord les y réduire et ensuite opérer comme dans le premier cas.

118. *Comment fait-on la soustraction lorsque les nombres sont fractionnaires et que la*

fraction inférieure est plus grande que celle du nombre supérieur.

Dans ce cas il faut emprunter sur les entiers une unité qui vaut autant que le dénominateur commun; on ajoute cette somme au numérateur trop faible, et on fait la soustraction, ayant soin de diminuer d'une unité le nombre qui a fourni l'emprunt.

De la multiplication des fractions.

119. *Comment multiplie-t-on une fraction par un entier?*

Pour multiplier une fraction par un entier, il faut multiplier le numérateur par le nombre entier, et donner au produit le dénominateur de la fraction.

120. *Comment multiplie-t-on une fraction par une fraction?*

Pour multiplier une fraction par une fraction, il faut multiplier numérateur par numérateur et dénominateur par dénominateur.

121. *Comment multiplie-t-on deux nombres fractionnaires l'un par l'autre?*

Il faut réduire les deux nombres fractionnaires en fractions, multiplier les numérateurs l'un par l'autre, ainsi que les dénominateurs, et extraire les unités du résultat.

122. *Comment obtient-on l'évaluation d'une fraction de fraction?*

En multipliant les numérateurs entre eux, ainsi que les dénominateurs, et si dans cette évaluation il y a un nombre entier, on le met au rang des numérateurs.

De la division des fractions.

123. *Comment divise-t-on une fraction par un nombre entier?*

Pour diviser une fraction par un nombre entier, il faut diviser le numérateur par l'entier, si cela se peut, et donner au quotient le dénominateur de la fraction. Lorsque la division ne peut se faire exactement, il faut multiplier le dénominateur par le nombre entier.

124. *Comment divise-t-on une fraction par une fraction?*

Pour diviser une fraction par une fraction, il faut multiplier la fraction dividende par la fraction diviseur renversée.

125. *Comment divise-t-on un nombre fractionnaire par un nombre fractionnaire?*

Il faut réduire les deux nombres fractionnaires en fractions, et multiplier la fraction dividende par la fraction diviseur renversée.

Des Proportions et de la Règle de trois.

126. *De combien de manières peut-on comparer deux quantités?*

On peut comparer les quantités de deux manières: 1° pour savoir de combien d'unités l'une surpasse l'autre; 2° pour savoir combien de fois l'une est contenue dans l'autre: la première se nomme comparaison arithmétique, la seconde comparaison géométrique.

127. *Quel nom donne-t-on aux deux quantités que l'on compare?*

Deux quantités que l'on compare forment un *rapport*; la première prend le nom *d'antécédent* et la seconde le nom de *conséquent*; on les nomme aussi les deux *termes d'un rapport*. On les écrit en plaçant d'abord l'antécédent, à sa droite le conséquent, et on les sépare l'un de l'autre par un point que l'on prononce *est à*, si le rapport est arithmétique, de cette manière : 8 . 4, que l'on énonce 8 est à 4; et par deux points, si le rapport est géométrique, comme 8 : 4.

128. *Qu'entend-on par raison?*

On entend par raison ce qui résulte de la comparaison des deux termes d'un rapport.

Ainsi 12 : 4 donne pour raison 3, nombre que l'on obtient en divisant l'antécédent par le eonséquent, le rapport indiqué étant géométrique. Lorsque le rapport est arithmétique, on en obtient la raison en retranchant le plus petit nombre du plus grand.

129. *Quelles sont les propriétés d'un rapport géométrique?*

Les propriétés d'un rapport géométrique sont au nombre de quatre :

1° En multipliant ou divisant l'antécédeut, sans rien changer au conséquent, le rapport est multiplié ou divisé par le même nombre.

2° En multipliant ou divisant le conséquent, sans rien changer à l'antécédent, le rapport est divisé ou multiplié par le même nombre.

3° En multipliant ou divisant l'antécédent et le conséquent par le même nombre, le rapport ne change pas.

4° En divisant l'antécédent par le rapport, on obtient le conséquent, et on obtient l'antécédent en multipliant le rapport par le conséquent.

130. *Qu'entend-on par proportion?*

On entend par proportion la comparaison

de quatre quantités formant deux rapports égaux.

131. *Comment écrit-on une proportion ?*

On écrit une proportion en plaçant les deux rapports l'un à côté de l'autre, et en les séparant par quatre points que l'on prononce *comme* : 12 : 6 : : 8 : 4 forment une proportion que l'on écrit ainsi, et que l'on énonce 12 est à 6 comme 8 est à 4.

132. *Quels noms donne-t-on aux différents termes d'une proportion ?*

Le premier et le quatrième terme se nomment les deux *extrêmes*, le second et le troisième se nomment les deux *moyens*.

133. *Quelle est la propriété fondamentale de la proportion ?*

La propriété fondamentale de toute proportion, est que le produit des extrêmes est toujours égal au produit des deux moyens.

134. *Que faut-il faire lorsqu'il manque un des termes d'une proportion ?*

Lorsqu'il manque un des termes d'une proportion, il faut regarder si c'est un extrême ou un moyen ; si c'est un extrême, il faut multiplier les deux moyens l'un par l'autre et en diviser le produit par l'extrême connu. Au contraire, si c'est un moyen, il faut multiplier les deux extrêmes l'un par l'autre et en diviser le produit par le moyen connu.

135. *Qu'est-ce que la règle de Trois ?*

La règle de Trois n'est autre chose qu'une proportion dans laquelle il manque un terme.

136. *Combien distingue-t-on de règles de Trois ?*

On distingue deux sortes de règles de Trois : la règle de Trois directe et la règle de Trois inverse. La règle de Trois est directe quand l'une des quantités comparées augmentant ou diminuant, sa correspondante augmente ou diminue dans le même rapport; au contraire elle est inverse quand l'une des quantités comparées augmentant, sa correspondante diminue et réciproquement. Si je disais : plus j'achète de marchandise plus je dois donner d'argent, le rapport serait direct ; mais si je dis : plus j'occupe d'ouvriers moins il faudra de jours pour faire un certain ouvrage, le rapport est inverse.

137. *Qu'entend-on par les deux* PRINCIPALES *et les deux* RELATIVES !

Dans une règle de Trois on considère deux

principales et deux relatives. Les deux principales sont les deux quantités exprimées qui désignent des unités de même espèce et indépendantes, les deux relatives sont les deux autres; elles dépendent des deux principales, mais une seulement est connue, l'autre s'exprime par x. Ainsi dans cet exposé : 4 ouvriers, en travaillant pendant un certain nombre de jours, ont fait 45 mètres de toile, combien 8 ouvriers en feront-ils de mètres dans le même temps? Les nombre 4 et 8 sont les deux principales, 45 et la quatité demandée sont les deux relatives.

138. *Comment fait-on une règle de Trois directe?*

Pour faire une règle de Trois directe, il faut poser pour premier terme la principale dont la relative est connue, on met les deux autres qnantités au deuxième et au troisième terme, et la relative inconnue, exprimée par x, se place au quatrième. La règle ainsi posée, on détermine la valeur de x en divisant le produit des deux moyens par l'extrême connu.

139. *Comment fait-on une règle de Trois inverse?*

Pour faire la règle de Trois inverse, il faut mettre au premier terme la principale dont la relative est inconnue, disposer les autres termes comme dans la règle de Trois directe, et effectuer de même l'opération en divisant le produit des deux moyens par l'extrême connu.

De la règle d'intérêts.

140. *Qu'entend-on par* INTÉRÊTS ?

On entend par intérêt un bénéfice que l'on retire légalement d'une somme que l'on a prêtée pour un certain temps.

141. *Qu'entend-on par* CAPITAL *et par* TAUX ?

On appelle capital la somme que l'on place, et on appelle taux le bénéfice légal que l'on retire d'une somme de 100 francs, placée pendant une année.

142. *Qu'entend-on par intérêt simple ?*

L'intérêt simple est celui qui résulte chaque année du capital placé, et qui n'est jamais joint à ce capital pour produire de nouveaux intérêts, quelle que soit la durée du prêt.

143. *Qu'entend-on par intérêt composé ?*

L'intérêt composé est celui qui se joint

chaque année au capital pour produire de nouveaux intérêts.

144. *Comment trouve-t-on l'intérêt d'une somme placée pendant un an?*

Pour trouver l'intérêt d'une somme placée pendant un an, il faut multiplier cette somme par le taux donné, et diviser le produit par cent.

Démonstration. soit 845 f placés à 5 p. 0/0. Je raisonne ainsi :

100 f donnent 5 f.

1 f donnera $\frac{5}{100}$.

845 f donneront $\frac{5 \times 845}{100} = \frac{4225}{100} = 42{,}^{f}\,25.$

145. *Comment trouve-t-on l'intérêt d'une somme placée pendant un certain nombre de mois?*

Pour trouver l'intérêt d'une somme placée pendant un certain nombre de mois, il faut multiplier le capital par le taux et par le nombre de mois, et diviser le produit par 1200.

Démonstration. Soit à chercher l'intérêt de 845 f placés pour 7 mois, à 5 p. 0/0. Je raisonne ainsi :

100^f pour 12 mois donnent 5^f.

100^f » 1 » » $\frac{5}{12}$

1^f » 1 » » $\frac{5}{12 \times 100}$

1^f » 7 » » $\frac{5 \times 7}{12 \times 100}$

845^f » 7 » » $\frac{845 \times 5 \times 7}{12 \times 100} = \frac{29575}{1200} = 24^f64$.

146. *Comment trouve-t-on l'intérêt d'une somme placée pour un certain nombre de jours?*

Pour trouver l'intérêt d'une somme placée pendant un certain nombre de jours, il faut multiplier le capital par le nombre de jours et par le taux donné, et diviser le produit par 36000. Lorsque l'intérêt est à 6 p. 0/0, on peut multiplier simplement le capital par le taux et diviser le produit par 6000.

Démonstration. Soit à chercher l'intérêt de 845^f placées pour 90 jours, à 5 p. 0/0. Je raisonne ainsi : 100^f pour 360 jours donnent 5^f.

100^f » 1 jour » $\frac{5}{360}$

1^f » 1 » » $\frac{5}{360 \times 100}$

1^f » 90 jours » $\frac{5 \times 90}{360 \times 100}$

845^f » 90 » » $\frac{845 \times 5 \times 90}{360 \times 100} = \frac{380250}{36000} = 10^f56$.

147. *Comment trouve-t-on l'intérêt composé d'une somme placée pour un certain nombre d'années?*

Pour trouver l'intérêt composé d'une somme placée pour un nombre déterminé d'années, il faut d'abord chercher l'intérêt simple de la première année, puis l'ajouter à la somme, ce qui forme, pour la seconde année, un nouveau capital sur lequel on cherche encore l'intérêt simple, et l'on continue ainsi pour chaque année jusqu'au terme fixé par le prêteur.

De la règle d'escompte.

148. *Qu'entend-on par escompte?*

On entend par escompte une remise faite par un créancier sur une dette quelconque, argent, billet ou lettre de change, ou une diminution qu'il accorde sur le prix des marchandises vendues, pour être payé avant le terme fixé.

149. *Comment fait-on la règle d'escompte.*

L'escompte se calcule à tant pour cent par an ou par mois, et se trouve par les mêmes règles que l'intérêt simple.

De la règle de société.

150. *Qu'appelle-t-on règle de société?*

On appelle règle de société le partage proportionnel que l'on fait entre plusieurs associés du bénéfice ou de la perte qui résulte de leur commerce.

151. *Comment fait-on la règle de société?*

On peut faire la règle de société de deux manières : 1° en faisant autant de règles de trois qu'il y a d'associés ; 2° en divisant la somme à répartir par le total des mises proportionnelles, et en multipliant ensuite le quotient obtenu par chaque mise particulière : le produit de chaque multiplication donne la part de chaque associé.

Principes de Géométrie.

152. *Qu'appelle-t-on* LIGNE DROITE?

La ligne droite est la plus courte qu'on puisse mener d'un point à un autre. Un cordeau bien tendu forme une ligne droite.

153. *Qu'est-ce qu'une* LIGNE BRISÉE?

La ligne brisée est celle qui est composée de plusieurs lignes droites.

154. *Qu'est-ce qu'une* LIGNE COURBE?

La ligne courbe est celle qui décrit un contour, celle dont chaque point s'écarte de la ligne droite.

155. *Qu'entend-on par* LIGNES PARALLÈLES?

Deux lignes sont parallèles lorsqu'elles conservent entre elles la même distance, de telle sorte qu'elles ne peuvent jamais se rencontrer.

156. *Qu'est-ce qu'une* LIGNE PERPENDICULAIRE?

Une ligne est perpendiculaire à une autre lorsqu'elle tombe d'aplomb sur celle-ci, sans pencher d'aucun côté : un fil à plomb qui serait placé au-dessus de la surface d'une eau tranquille formerait une ligne perpendiculaire à cette surface.

157. *Qu'est-ce qu'une* LIGNE OBLIQUE ?

Une ligne est oblique lorsqu'elle penche plus d'un côté que de l'autre.

158. *Qu'est-ce qu'un* ANGLE ?

On appelle angle l'espace compris entre deux lignes droites qui se rencontrent. Le point de rencontre des deux lignes se nomme le sommet de l'angle, et les deux lignes droites, les côtés de l'angle.

159. *Combien distingue-t-on de sortes* D'ANGLES ?

On distingue trois sortes d'angles : l'angle droit ou rectangle, l'angle aigu et l'angle obtus.

160. *Qu'est-ce qu'un* ANGLE DROIT *ou* RECTANGLE ?

Lorsqu'une ligne droite tombe perpendiculairement sur une autre, elle forme avec elle [deux angles droits ou rectangles qui sont égaux entre eux.

161. *Qu'est-ce qu'un* ANGLE AIGU ?

Tout angle plus petit qu'un angle droit est un angle aigu.?

162. *Qu'est-ce qu'un* ANGLE OBTUS?

Tout angle plus grand qu'un angle droit est un angle obtus.

163. *Qu'est-ce qu'un* TRIANGLE ?

Un triangle est une figure composée de trois lignes droites formant trois angles et trois côtés. Si le triangle a un angle droit on le nomme triangle rectangle?

164. *Qu'entend-on par* BASE, SOMMET *et* HAUTEUR D'UN TRIANGLE ?

La base d'un triangle est l'un ou l'autre de ses côtés sur lequel on élève une perpendiculaire qui va joindre le sommet; le sommet d'un triangle est le point de rencontre des deux lignes au-dessus de la base, et la hauteur d'un triangle est la mesure de la perpendiculaire abaissée du sommet à la base.

165. *Qu'est-ce qu'un* QUADRILATÈRE ?

Un quadrilatère est une figure à quatre côtés formés chacun par une ligne droite.

166. *Qu'entend-on par* PARALLÉLOGRAMME ?

Un parallélogramme est un quadrilatère dont les côtés opposés sont égaux et parallèles. La base d'un parallélogramme est le côté sur lequel on abaisse une perpendiculaire; sa hauteur est la mesure de cette perpendiculaire. Le parallélogramme renferme le carré, le rectangle et le losange.

167. *Qu'est-ce qu'une* DIAGONALE ?

On appelle diagonale une ligne droite qui est tirée d'un des angles d'un quadrilatère à l'angle qui lui est directement opposé.

168. *Qu'est-ce qu'un* CARRÉ ?

Un carré est un parallélogramme dont les quatre côtés sont égaux et perpendiculaires l'un à l'autre, et qui forment quatre angles droits.

169. *Qu'est ce qu'un* RECTANGLE ?

Le rectangle est un carré long dont tous les angles sont droits, et les côtés opposés seulement égaux.

170. *Qu'est-ce que le* LOSANGE ?

Le losange est une figure qui a ses quatre côtés égaux, mais deux de ses angles opposés sont aigus et les deux autres obtus.

171. *Qu'est-ce que le* TRAPÈZE ?

Le trapèze est une figure qui a ses quatre côtés inégaux, dont deux seulement sont parallèles. Lorsqu'un trapèze a un de ses côtés perpendiculaire à sa base, on le nomme trapèze rectangulaire.

172. *Qu'entend-on par* POLYGONES ?

On entend par polygones des figures qui ont plusieurs côtés.

173. *Qu'appelle-t-on* CERCLE ?

On appelle cercle une surface terminée par une ligne courbe nommée *circonférence*, dont toutes les parties sont également éloignées d'un point commun qu'on appelle *centre*.

174. *Qu'entend-on par* DIAMÈTRE *et* RAYON ?

Le diamètre est une ligne droite qui traverse le cercle en passant par le centre. Le rayon ou demi-diamètre est une ligne droite qui va du centre à la circonférence.

175. *Quel est le rapport de la circonférence au diamètre ?*

La mesure de la circonférence d'un cercle est de de trois fois et 1/7 celle du diamètre de ce cercle. Pour obtenir cette mesure, connaissant celle du diamètre, il suffit de multiplier ce diamètre par 22, et de diviser le produit par 7.

176. *Qu'entend-on par* ARC ?

On appelle arc une portion de la circonférence.

De la mesure des surfaces.

177. *Qu'est-ce que mesurer une surface ?*

Mesurer une surface, c'est chercher combien de fois cette surface contient une mesure carrée prise pour unité, telle que l'are, le mètre carré, ou le centimètre carré.

178. *Qu'est-ce qu'un mètre carré ?*

Un mètre carré est une figure qui a un mètre de longueur et un mètre de largeur ; il contient 100 décimètres carrés, et 10,000 centimètres carrés.

179. *Comment mesure-t-on la superficie d'un parallélogramme, d'un carré et d'un rectangle?*

Pour avoir la mesure d'un parallélogramme, d'un carré ou d'un rectangle, il faut multiplier la base par la hauteur, et le produit donne la superficie demandée.

180. *Comment obtient on la superficie d'un triangle ?*

La surface d'un triangle est égale au produit de sa base multiplié par la moitié de sa hauteur, ou au produit de sa hauteur multiplié par la moitié de sa base. On peut encore multiplier la base par la hauteur, et prendre la moitié du produit.

181. *Comment mesure-t-on la superficie d'un trapèze?*

Pour avoir la superficie d'un trapéze, il faut additionner les deux côtés parallèles ou bases du trapèze; et multiplier la somme obtenue par la moitié de la hauteur.

182. *Comment mesure-t-on la superficie d'un quadrilatère?*

Pour avoir la superficie d'un quadrilatère, c'est-à-dire d'une figure dont les quatre côtés sont inégaux et non parallèles, il faut le partager en plusieurs triangles, mesurer la surface de chaque triangle, les additionner ensemble; leur somme sera la superficie de la figure.

183. *Comment mesure-t-on la superficie d'un polygone?*

Pour obtenir la superficie d'un polygone quelconque, il faut le partager en plusieurs triangles; au moyen de diagonales menées d'un même sommet du polygone; on mesure la superficie de chaque triangle en particulier, et la somme de ces triangles donne la superficie du polygone.

184. *Comment mesure-t-on la superficie d'un cercle?*

Pour obtenir la superficie d'un cercle, il suffit de multiplier sa circonférence par la moitié du rayon.

185. *Qu'entend-on par* CUBE?

Un cube est un corps solide, régulier, qui a six faces carrées, égales, et dont tous les angles sont droits.

186. *Qu'est-ce qu'un* MÈTRE CUBE?

Le mètre cube est un solide ou cube dont chaque face a un mètre carré; on l'emploie comme unité de mesure pour le calcul des solides.

187. *Qu'est-ce qu'un* PARALLÉLIPIPÈDE RECTANGLE *et comment en obtient-on le volume?*

Le parallélipipède rectangle est un solide qui a six faces parallèles et égales deux à deux; il a la forme d'une boîte. On en obtient le volume en multipliant la longueur de la base par la hauteur, et le produit par l'épaisseur.

188. *Comment mesure-t-on le volume d'un cylindre droit?*

Pour avoir le volume d'un cylindre droit, il faut d'abord chercher la surface de sa base et ensuite multiplier cette surface par la hauteur du cylindre.

FIN.

TABLE.

FIN DE LA TABLE.

Table de Multiplication.

2 fois	2 font	4	5 fois	2 font	10	8 fois	2 font	16
2	3	6	5	3	15	8	3	24
2	4	8	5	4	20	8	4	32
2	5	10	5	5	25	8	5	40
2	6	12	5	6	30	8	6	48
2	7	14	5	7	35	8	7	56
2	8	16	5	8	40	8	8	64
2	9	18	5	9	45	8	9	72
2	10	20	5	10	50	8	10	80

3	2	6	6	2	12	9	2	18
3	3	9	6	3	18	9	3	27
3	4	12	6	4	24	9	4	36
3	5	15	6	5	30	9	5	45
3	6	18	6	6	36	9	6	54
3	7	21	6	7	42	9	7	63
3	8	24	6	8	48	9	8	72
3	9	27	6	9	54	9	9	81
3	10	30	6	10	60	9	10	90

4	2	8	7	2	14	10	2	20
4	3	12	7	3	21	10	3	30
4	4	16	7	4	28	10	4	40
4	5	20	7	5	35	10	5	50
4	6	24	7	6	42	10	6	60
4	7	28	7	7	49	10	7	70
4	8	32	7	8	56	10	8	80
4	9	36	7	9	63	10	9	90
4	10	40	7	10	70	10	10	100

www.ingramcontent.com/pod-product-compliance
Lightning Source LLC
LaVergne TN
LVHW050426160826
845677LV00002BA/553

* 9 7 8 2 3 2 9 6 8 8 8 8 6 *